BEI GRIN MACHT SICH IHR
WISSEN BEZAHLT

AF141674

- Wir veröffentlichen Ihre Hausarbeit,
  Bachelor- und Masterarbeit

- Ihr eigenes eBook und Buch -
  weltweit in allen wichtigen Shops

- Verdienen Sie an jedem Verkauf

Jetzt bei www.GRIN.com hochladen und kostenlos publizieren

Sabrina Jung

Auswertung eines Fragebogens

Forschungsmethoden und angewandte Statistik

GRIN Verlag

Bibliografische Information der Deutschen Nationalbibliothek:

Die Deutsche Bibliothek verzeichnet diese Publikation in der Deutschen National-
bibliografie; detaillierte bibliografische Daten sind im Internet über http://dnb.d-
nb.de/ abrufbar.

Dieses Werk sowie alle darin enthaltenen einzelnen Beiträge und Abbildungen
sind urheberrechtlich geschützt. Jede Verwertung, die nicht ausdrücklich vom
Urheberrechtsschutz zugelassen ist, bedarf der vorherigen Zustimmung des Verla-
ges. Das gilt insbesondere für Vervielfältigungen, Bearbeitungen, Übersetzungen,
Mikroverfilmungen, Auswertungen durch Datenbanken und für die Einspeicherung
und Verarbeitung in elektronische Systeme. Alle Rechte, auch die des auszugsweisen
Nachdrucks, der fotomechanischen Wiedergabe (einschließlich Mikrokopie) sowie
der Auswertung durch Datenbanken oder ähnliche Einrichtungen, vorbehalten.

Impressum:

Copyright © 2012 GRIN Verlag GmbH
Druck und Bindung: Books on Demand GmbH, Norderstedt Germany
ISBN: 978-3-656-30920-8

Dieses Buch bei GRIN:

http://www.grin.com/de/e-book/203838/auswertung-eines-fragebogens

GRIN - Your knowledge has value

Der GRIN Verlag publiziert seit 1998 wissenschaftliche Arbeiten von Studenten, Hochschullehrern und anderen Akademikern als eBook und gedrucktes Buch. Die Verlagswebsite www.grin.com ist die ideale Plattform zur Veröffentlichung von Hausarbeiten, Abschlussarbeiten, wissenschaftlichen Aufsätzen, Dissertationen und Fachbüchern.

Besuchen Sie uns im Internet:

http://www.grin.com/

http://www.facebook.com/grincom

http://www.twitter.com/grin_com

Fachhochschule für angewandtes Management in Erding

Fachbereich Wirtschaftspsychologie

Sommersemester 2012

Studienfach Teamentwicklung

Studienarbeit

Forschungsmethoden und angewandte Statistik

- Auswertung eines Fragebogens -

vorgelegt von:

Sabrina Jung

3. Semester

Tag der Einreichung:

03.08.2012

Inhaltsverzeichnis

Abbildungsverzeichnis

1. Einführung

Die statistische Analyse ist ein wichtiger Teil in vielen alltäglichen Situationen und wird vielfältig in den Nachrichten, Zeitungen und im Internet eingesetzt. Sei es das ein Onlineportal seine Nutzerzahlen auswertet, Zeitungen ihre Abonnenten analysieren und die Einschaltquoten der Nachrichten.

Statistik lässt sich in verschiedene Teilbereiche gliedern. Zum einen in die beschreibende (deskriptive) Statistik. Hierzu gehört die Beschreibung, graphische Aufbereitung und Komprimierung von Daten in Tabellen oder Grafiken. Ein Teilgebiet davon ist die explorative Statistik. Diese befasst sich mit der Suche nach Mustern und Strukturen. Desweitere gibt es den weitaus anspruchsvolleren Teilbereich, die schließende (induktive) Statistik welche auch als Interferenzstatistik bezeichnet wird. Aufgabengebiete sind das Erschließen von Stichproben auf die Grundgesamtheit mit Hilfe von Wahrscheinlichkeitsberechnungen. [1]

Um das theoretische Wissen anzuwenden zu können beschäftigt sich die vorliegende Studienarbeit mit der Auswertung eines erstellen Fragenbogens zu den Themen Zusammenarbeit und Klima im Unternehmen sowie zur Führung. Ein Datensatz der aus der Befragung von Untersuchungspersonen (nicht nur Studenten) erstellt wurde dient als Untersuchungsgrundlage. Dieser wird mit Hilfe der weltweit führenden Statistiksoftware SPSS ausgewertet.

In der folgenden Studienarbeit wird als erstes der theoretische Hintergrund eines jeden Tests kurz dargestellt und anschließend die praktische Umsetzung aufgeführt. Durch verschiedene Tests in diesem Programm werden statistische Zusammenhänge analysiert und interpretiert.

2. Häufigkeitsverteilung

2.1. Theoretischer Hintergrund

Urlisten sind meist unübersichtlich. Um einen besseren Überblick über die erhobenen Daten zu gewinnen ist es sinnvoll die Rohdaten aus der Urliste zusammen zu fassen und in absolute oder relative Häufigkeiten auszuweisen. Die relativen Häufigkeiten ermittelt man, indem die absoluten Häufigkeiten durch die Anzahl der Beobachtungen dividiert werden. Um die Angaben in Prozent zu erhalten muss man die relativen Häufigkeiten mit 100 multiplizieren.

---

1 Quatember Andreas (2011). Statistik ohne Angst vor Formeln – Das Studienbuch für Wirtschafts- und Sozialwissenschaftler. Seite 10.

Wichtig ist zu beachten ob die relativen Häufigkeiten auf Basis der Nennungen oder Beobachtungen also inklusive oder exklusive „Keine Angaben" gemacht wurden. Die Ergebnisse können dann entweder mit erklärenden Texten versehen werden oder in Tabellenform sowie grafische dargestellt werden. [2]

2.2. Anwendung auf den Fragebogen

Im Zuge der Analyse der Arbeitszusammenarbeit und -klima sowie der Zufriedenheit mit dem Führungsverhalten wird zu Beginn eine Geschlechtsanalyse der Teilnehmer gemacht. Somit soll herausgefunden werden ob ein geschlechtsspezifischer Einfluss festgestellt werden kann. Die Tabelle 1 zeigt, dass insgesamt 383 Personen den Fragebogen ausgefüllt haben, wobei 2 Personen keine Angaben zum Geschlecht gemacht haben. Von den Befragten waren 51,2% weiblich, das entspricht einem absoluten Wert von 109. Demzufolge sind 48,8% männlich mit einem absoluten Wert von 104. Zusammenfassend kann man sagen, dass die Geschlechtsverteilung bei dieser Befragung relativ ausgewogen ist und es keinen geschlechtsspezifischen Überhang gibt.

Geschlecht		Häufigkeit	Prozent	Gültige Prozente	Kumulierte Prozente
Gültig	weiblich	109	28,5	51,2	51,2
	männlich	104	27,2	48,8	100,0
	Gesamt	213	55,6	100,0	
Fehlend	-77	168	43,9		
	keine Angabe	2	,5		
	Gesamt	170	44,4		
Gesamt		383	100,0		

Tabelle 1: Verteilung des Geschlechts

Als nächsten Einflussfaktor auf die Punkte Zusammenarbeit/Klima und Führung soll herausgearbeitet werden, wie die Zusammenarbeit mit den Kollegen empfunden wird. Dadurch wird die Fragestellung „Ich arbeite gerne mit meinen Kollegen zusammen" näher hinsichtlich des Median untersucht. Die Antwortmöglichkeiten beschränken sich auf (1)

---

2 Quatember Andreas (2011). Statistik ohne Angst vor Formeln – Das Studienbuch für Wirtschafts- und Sozialwissenschaftler. Seite 14ff.

„stimmte überhaupt nicht zu" bis abgestuft auf (6) „stimme voll und ganz zu" sowie „kann ich nicht beurteilen".

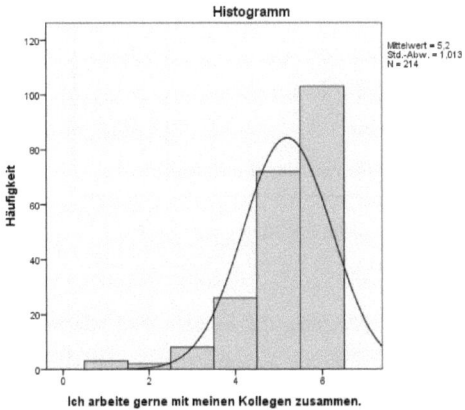

Abbildung 1: Histogramm Zufriedenheit Zusammenarbeit mit Kollegen

Die Auswertung der Zufriedenheit mit der Zusammenarbeit der Kollegen ergibt einen Median aus der Häufigkeitsverteilung von 5. Dabei muss beachtet werden, dass 11 Personen die Frage mit „kann ich nicht beurteilen" beantwortet haben. 103 Personen geben an, dass sie voll und ganz zustimmen, gerne mit ihren Kollegen zusammen zu arbeiten. Bei einer Minderheit von 3 Personen trifft das hingegen nicht zu. Insgesamt kann man sagen, dass der Durchschnitt mit 48,1% gerne mit den Kollegen zusammen arbeitet. Die Überprüfung der Variablen hinsichtlich einer Normalverteilung erfolgt wie im Kurs Statistik I gelernt anhand des Standardfehlers. Da sowohl der Vertrauensintervall der Schiefe als auch der Wölbung nicht 0 enthält, handelt es sich um keine Normalverteilung. Somit ist die Verteilung statistisch signifikant.

N	Gültig	214
	Fehlend	169
Standardfehler des Mittelwertes		,069
Schiefe		-1,673
Standardfehler der Schiefe		,166
Kurtosis		3,520
Standardfehler der Kurtosis		,331

Tabelle 2: Wölbung und Schiefe

Um die zu bewertenden Punkte vollständig auszuwerten wird folgend die Zufriedenheit mit der Führung untersucht. Darauf soll die Frage „Ich bin mit dem Führungsstil meiner Führungskraft zufrieden" analysiert werden. Die Antwortmöglichkeiten beschränken sich wie im gesamten Fragebogen auf (1) „stimmte überhaupt nicht zu" bis abgestuft auf (6) „stimme voll und ganz zu" sowie „kann ich nicht beurteilen".

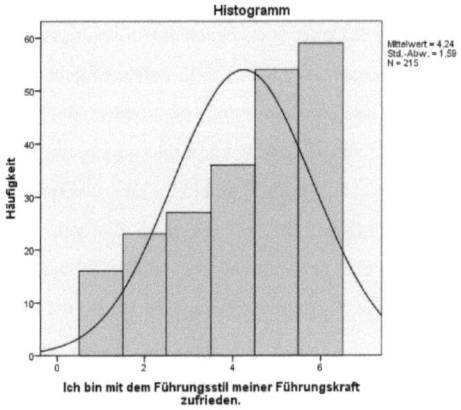

Abbildung 2: Histogramm Zufriedenheit Führungsverhalten

Als nächsten Punkt wurde die Zufriedenheit mit dem Führungsverhalten der Vorgesetzten untersucht. Daraus ergab sich, wie bei der vorherigen Analyse, ein Median von 5. Wobei auf diese Frage 14 Personen die Angabe „kann ich nicht beurteilen" gemacht haben. Insgesamt haben 215 Personen diese Frage beantwortet und 59 der befragten Personen „stimme voll und

4

ganz zu", dass sie mit dem Führungsverhalten zufrieden sind. Deutlich mehr als bei der vorangegangenen Analyse „stimme überhaupt nicht zu", nämlich 16 Befragte. Auch bei dieser Auswertung ist keine Gauß'sche Glockenkurve zu erkennen. Entsprechend handelt es nicht um keine Normalverteilung. Dies bestätigen auch die Vertrauensintervalle der Wölbung und Schiefe in denen keine 0 enthalten ist und es sich somit um eine signifikante Verteilung handelt.

3. Hypothese mit nominalen Daten

3.1. Chi² Unabhängigkeitstest

3.1.1. Theoretischer Hintergrund

Mittels des Chi² Unabhängigkeitstests können statistische Zusammenhänge zwischen zwei nominal skalierten Variablen untersucht werden. Hauptgrund für die Durchführung eines Chi² Tests ist der Vergleich der theoretischen (erwarteten) Häufigkeiten mit den empirischen. Voraussetzungen für einen solchen Test sind ein bis zwei nominal skalierten Variablen und bei höchstens 20% der Zellen dürfen die erwarteten Häufigkeiten kleiner 5 sein. [3]

3.1.2. Anwendung auf den Fragebogen

Da die Punkte Zusammenarbeit/Klima und Führung von Person zu Person unterschiedlich erlebt werden, soll im nächsten Punkt mittels des Chi² Unabhängigkeitstest analysiert werden, ob das Geschlecht einen Einfluss Wahl der Berufstätigkeit hat. In dem folgend durchgeführten Test ist die Voraussetzung von zwei nominalen Variablen erfüllt: „Geschlecht: männlich/weiblich" und Art der Branche.

Die Überprüfung ob das Geschlecht Einfluss auf die Wahl der Branche hat, lässt sich nun mittels folgender Untersuchung durchführen. Als erstes wird die Variable „Branche" in eine neue Variable transformiert. Durch diese Methode erhält man einen besseren Überblick in dem man die Vielzahl der einzelnen Branchen in sogenannte Branchen-Kategorien gruppiert. Aus der folgenden Grafik kann man entnehmen, dass die Mehrzahl der Befragten im Dienstleistungssektor tätig ist. Die Minderheit mit einem absoluten Wert von 4 bilden Personen im Land- und Forstwirtschaftsbereich.

---

3 Quatember Andreas (2011). Statistik ohne Angst vor Formeln – Das Studienbuch für Wirtschafts- und Sozialwissenschaftler. Seite 163ff.

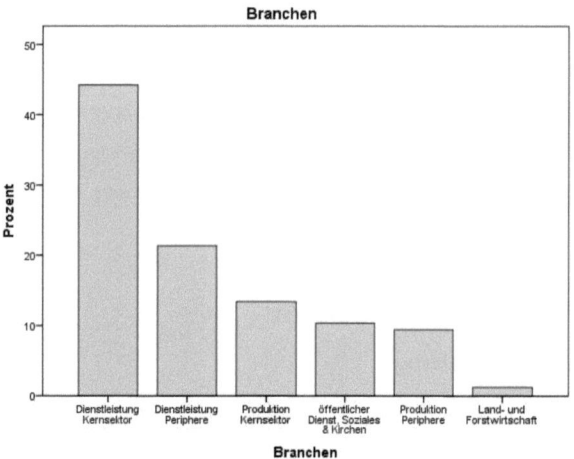

Abbildung 3: Verteilung der Befragten auf Branchen

Anschließend wird der Zusammenhang zwischen Branche und Geschlecht analysiert. Die nominalen Variablen „Geschlecht" und „Branche" werden dazu ausgewählt und anhand den nachfolgenden Hypothesen getestet.

H0: Es gibt keinen statistisch signifikanten Zusammenhang zwischen dem Geschlecht und der Wahl der Branche.

H1: Es gibt einen statistisch signifikanten Zusammenhang zwischen dem Geschlecht und der Wahl der Branche.

	Wert	df	Asymptotische Signifikanz (2-seitig)
Chi-Quadrat nach Pearson	11,510[a]	5	,042
Likelihood-Quotient	12,924	5	,024
Zusammenhang linear-mit-linear	,213	1	,645
Anzahl der gültigen Fälle	202		

a. 2 Zellen (16,7%) haben eine erwartete Häufigkeit kleiner 5. Die minimale erwartete Häufigkeit ist ,98.

Tabelle 3: Chi-Quadrat-Tests

Betrachtet man nun das Ergebnis genauer, so lässt sich feststellen, dass der Wert von 0,042 deutlich unter dem zuvor festgelegten Signifikanzniveau von 0,05 liegt. Somit existiert ein Zusammenhang zwischen dem Geschlecht und Wahl der Branche. Somit lässt sich als Schlussfolgerung ziehen, dass die Wahl der Branche vom Geschlecht abhängig ist. Der Chi² hat einen eindeutigen Zusammenhang verdeutlicht. Das Problem bei dieser Art von Test ist, dass er nicht normiert ist (von -1 bis +1 oder 0 bis 1). Somit müssen weitere Zusammenhangsmaße untersucht werden.

		Wert	Asymptotischer Standardfehler[a]	Näherungsweises T[b]	Näherungsweise Signifikanz
Nominal- bzgl. Nominalmaß	Phi	,239			,042
	Cramer-V	,239			,042
	Kontingenzkoeffizient	,232			,042
Intervall- bzgl. Intervallmaß	Pearson-R	-,033	,070	-,460	,646[c]
Ordinal- bzgl. Ordinalmaß	Korrelation nach Spearman	-,041	,070	-,587	,558[c]
Anzahl der gültigen Fälle		202			

a. Die Null-Hyphothese wird nicht angenommen.

b. Unter Annahme der Null-Hyphothese wird der asymptotische Standardfehler verwendet.

c. Basierend auf normaler Näherung

Tabelle 4: Symmetrische Maße

Auch die Nominal beziehungsweise Nominalmaße zeigen schwache (ungefähr 0,24), aber signifikante (0,042) Zusammenhänge. Obwohl die Korrelation gering ist, ist diese markant. Denn für eine Vielzahl von Menschen ist die Wahl der Branche abhängig vom jeweiligen Geschlecht. Diese Hypothese lässt sich auch anhand des Diagramms eindeutig bestätigen. Es sind viel mehr Frauen im Kernsektor Dienstleistungen und eine Minderheit in der Produktion Periphere.

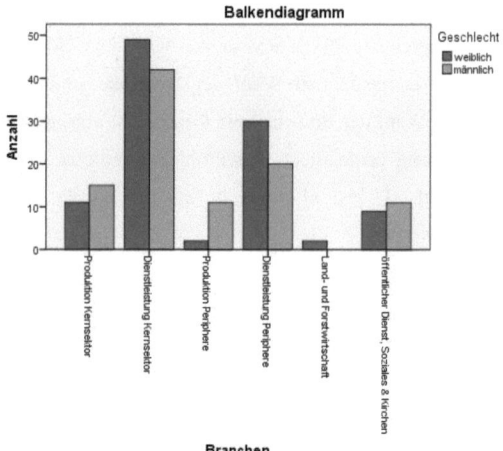

Branchen

Abbildung 4: Diagramm Geschlecht und Branche

4. Hypothese mit Varianzanalyse

4.1. Theoretischer Hintergrund

Die Varianzanalyse gehört ebenso wie die Regressionsanalyse zu den strukturprüfenden Methoden. Somit handelt es sich um ein multivariates Analyseverfahren zur Aufdeckung von Mittelwertunterschieden. Es wird die Wirkung einer oder mehrerer unabhängiger Variablen auf eine oder mehrere abhängige Variablen untersucht. Wichtige Voraussetzung ist, dass die abhängigen Variablen intervallskaliert sind, für den Rest reicht ein nominales Skalenniveau. Ebenfalls müssen die beiden Faktoren im Vorfeld festgelegt werden. [4]

4.2. Anwendung auf den Fragebogen

Die Voraussetzungen für die Anwendung der Varianzanalyse sind erfüllt und somit sind die folgenden Variablen relevant. „Ich bin mit dem Führungsstil meiner Führungskraft zufrieden" wird als abhängige Variable einbezogen und „Meine Führungskraft fördert mich beruflich" sowie „In welchen Aufgabengebieten sind Sie überwiegend tätig" dienen als unabhängige Variable. Anschließend soll nun folgender Zusammenhang untersucht werden:

---

4 Bühner Markus / Ziegler Matthias (2009). Statistik für Psychologen und Sozialwissenschaftler. Seite 343 ff.

H1: Die Befragten sind mit dem Führungsstil ihres Vorgesetzten zufrieden, werden durch diesen beruflich gefördert und es besteht ein Zusammenhang zwischen den einzelnen Aufgabengebieten in denen die Personen tätig sind.

H0: Es besteht kein Zusammenhang zwischen der Zufriedenheit mit dem Führungsstil des Vorgesetzten, der empfundenen beruflichen Förderung und den verschiedenen Aufgabengebieten in denen die Befragten tätig sind.

Abhängige Variable: Ich bin mit dem Führungsstil meiner
Führungskraft zufrieden.

F	df1	df2	Sig.
1,447	81	123	,032

Prüft die Nullhypothese, daß die Fehlervarianz der abhängigen
Variablen über Gruppen hinweg gleich ist.

a. Design: Konstanter Term + v_91 + v_13 + v_91 * v_13

Tabelle 5: Levene-Test auf Gleichheit der Fehlervarianzena

Wie man der Tabelle entnehmen kann ist der Levene-Test mit einem Wert von 0,032 nicht signifikant. Die Varianzen sind homogen, somit kann die Varianzanalyse durchführt werden. Bei einem Wert von 0,000 wären die Varianzen nicht homogen und in diesem Fall wäre die Varianzanalyse problematisch. Alternativ könnte man die Variablen ändern oder auf einen anderen Test zurückgreifen. In der folgenden Tabelle der Zwischensubjekteffekte werden die einzelnen Signifikanzen der einbezogenen Variablen aufgelistet.

Abhängige Variable: Ich bin mit dem Führungsstil meiner Führungskraft zufrieden.

Quelle	Quadratsumme vom Typ III	df	Mittel der Quadrate	F	Sig.	Partielles Eta-Quadrat
Korrigiertes Modell	321,962[a]	81	3,975	2,719	,000	,642
Konstanter Term	1350,177	1	1350,177	923,427	,000	,882
v_91	142,510	5	28,502	19,493	,000	,442
v_13	33,231	18	1,846	1,263	,224	,156
v_91 * v_13	79,528	58	1,371	,938	,601	,307
Fehler	179,843	123	1,462			
Gesamt	4194,000	205				
Korrigierte Gesamtvariation	501,805	204				

a. R-Quadrat = ,642 (korrigiertes R-Quadrat = ,406)

Tabelle 6: Tests der Zwischensubjekteffekte

Durch diese Tabelle lässt sich erschließen, dass das Modell stimmig ist. Es liegt ein höchst signifikanter Zusammenhang zwischen der abhängigen Variable „Ich bin mit dem Führungsstil meiner Führungskraft zufrieden" und den beiden unabhängigen Variablen „Meine Führungskraft fördert mich beruflich" sowie „In welchen Aufgabengebieten sind Sie überwiegend tätig?". Folglich kann die Behauptung H0 verworfen werden, da sie anhand dieses Tests wiederlegt wurde. Im Gegensatz zu den anderen Variablen weißt die Variable „In welchen Aufgabengebieten sind Sie überwiegend tätig?" keinen direkten Zusammenhang zur Konstanten auf, was durch den Wert von 0,224 belegt wird. Somit ist es zufällig, dass die Befragten aus den einzelnen Aufgabengebieten zufrieden mit ihrer Führungskraft sind und sich durch diese beruflich gefördert fühlen. Ein Grund für den fehlenden direkten Zusammenhang kann sein, dass die Art der Aufgabengebiete nominal skaliert ist und somit keine persönliche Wertung mit eingeflossen ist.

5. Hypothese mit Regressionsanalyse

5.1. Theoretischer Hintergrund

Im Gegensatz zur Korrelationsanalyse wo der statistische Zusammenhang im Mittelpunkt der Untersuchung steht beschäftigt sich die Regressionsanalyse mit der Kausalität, das heißt mit dem inhaltlichen Zusammenhang. Somit wird analysiert wie sich die Veränderung einer Merkmalsausprägung von Variablen auf anderen auswirkt. [5]

Um eine Regressionsanalyse durchführen zu können müssen verschiedene Voraussetzungen gegeben sein. Zum einen müssen die abhängige Variable und die unabhängige Variable metrisch skaliert sein. In speziellen Fällen können Ausnahmen gemacht werden, wenn Daten ordinal skaliert sind können diese als metrisch behandelt werden. Zum Beispiel Arbeitszufriedenheit. Des Weiteren muss der Zusammenhang zwischen den Variablen linear sein, dies kann mittels eines Streudiagramms geprüft werden. [6]

5.2. Anwendung auf den Fragebogen

Mittels der Regressionsanalyse sollen nun die Punkte Zusammenarbeit und Klima unter den nachfolgenden Bedingungen getestet werden. „Ich arbeite gerne mit meinen Kollegen zusammen" dient als abhängige Variable. Im Gegensatz dazu werden „Ich kann mich im Team gut verwirklichen", „Auf meine Kollegen ist Verlass" und „Die Zusammenarbeit mit

5 Quatember Andreas (2011). Statistik ohne Angst vor Formeln – Das Studienbuch für Wirtschafts- und Sozialwissenschaftler. Seite 177ff.
6 http://elearning-ss11.fham.de/moodle/file.php/2837/Muster_und_Anleitungen/Statistik%20II%20-%20Regressionsanalyse.pdf

meinen Kollegen motiviert mich" als unabhängige Variable verwendet. Als nächstes sollen nun diese Bedingungen getestet werden:

H1: Es existiert ein Zusammenhang zwischen den Selbstverwirklichungschancen im Team, dass man sich auf die Kollegen verlassen kann sowie man durch diese motiviert wird und dem Punkt ob man gerne mit ihnen zusammen arbeitet.

H0: Es gibt keinen Zusammenhang zwischen den einzelnen Variablen. Somit sind die empfundenen Ergebnisse völlig zufällig.

Modell	R	R-Quadrat	Korrigiertes R-Quadrat	Standardfehler des Schätzers	Durbin-Watson-Statistik
1	,751[a]	,564	,557	,686	1,734

a. Einflußvariablen : (Konstante), Auf meine Kollegen ist Verlass., Ich kann mich im Team gut selbstverwirklichen.,
Die Zusammenarbeit mit meinen Kollegen motiviert mich.
b. Abhängige Variable: Ich arbeite gerne mit meinen Kollegen zusammen.

Tabelle 7: Modellzusammenfassungb

Der R-Quadrat Wert spiegelt den Zusammenhang wieder. Mit einem Wert von 0,564 wird ein mittelstarker Zusammenhang dargestellt. Der korrigierte R-Quadrat Wert von 0,557 bestätigt diesen Zusammenhang zwischen den Variablen. Um nun die Durbin-Watson-Statistik auszuwerten muss man vorher wissen, dass diese einen Wert von 0 bis 4 annehmen kann. Je näher der Wert an 2 ist desto sicherer sind die Ergebnisse dieses Tests. Mit einem aus der Tabelle abgelesenen Wert von 1,734 handelt es sich um einen hohen, verlässlichen Test.

ANOVA[a]

Modell		Quadratsumme	df	Mittel der Quadrate	F	Sig.
1	Regression	118,269	3	39,423	83,683	,000[b]
	Nicht standardisierte Residuen	91,393	194	,471		
	Gesamt	209,662	197			

a. Abhängige Variable: Ich arbeite gerne mit meinen Kollegen zusammen.
b. Einflußvariablen : (Konstante), Auf meine Kollegen ist Verlass., Ich kann mich im Team gut selbstverwirklichen., Die Zusammenarbeit mit meinen Kollegen motiviert mich.

Tabelle 8: ANOVA

Der Wert der Irrtumswahrscheinlichkeit wurde mit 5% in den Einstellungen vorgegeben. Mit einem Signifikanzwert von 0,000 ist das Ergebnis höchst signifikant. Aus diesem Grund kann die Nullhypothese verworfen werden, da sich das Gegenteil durch diesen Test bestätigt hat. Der Zusammenhang zwischen den vier Variablen kann nicht mehr durch den Zufall erklärt werden. Ob man gerne mit den Kollegen zusammenarbeitet hängt maßgeblich davon ab, je mehr man sich im Team verwirklichen kann, desto größer der Verlass auf die Kollegen ist und umso stärker man durch diese motiviert wird.

Koeffizienten[a]

Modell		Nicht standardisierte Koeffizienten		Standardisierte Koeffizienten	T	Sig.	95,0% Konfidenzintervalle für B	
		RegressionskoeffizientB	Standardfehler	Beta			Untergrenze	Obergrenze
1	(Konstante)	1,826	,259		7,051	,000	1,315	2,337
	Die Zusammenarbeit mit meinen Kollegen motiviert mich.	,666	,060	,722	11,193	,000	,549	,783
	Ich kann mich im Team gut selbstverwirklichen.	,044	,052	,051	,842	,401	-,059	,146
	Auf meine Kollegen ist Verlass.	-,005	,056	-,005	-,096	,924	-,115	,104

a. Abhängige Variable: Ich arbeite gerne mit meinen Kollegen zusammen.

Tabelle 9: Koeffizienten

Betrachtet man die einzelnen Signifikanzen genauer so stellt man fest, dass die Variablen „Auf meine Kollegen ist Verlass" mit einem Wert von 0,924 sowie „Ich kann mich im Team gut verwirklichen" mit 0,401 die Regression verschlechtert und somit kein Zusammenhang zwischen den beiden Variablen existiert. Ob man gerne mit Team arbeitet hat somit keinen Einfluss darauf, ob man die eigenen Selbstverwirklichungschancen im Team als gut erachtet und auf die Verlässlichkeit der Kollegen.

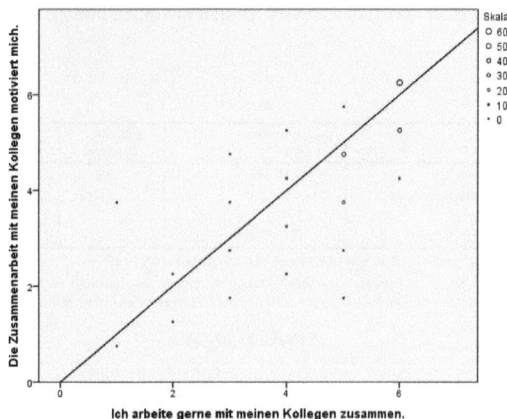

Abbildung 5: Streudiagramm

Die Variablen „Ich arbeite gerne mit meinen Kollegen zusammen" und „Die Zusammenarbeit mit meinen Kollegen motiviert mich" sind mit einem Wert von 0,000 höchst signifikant. Als Schlussfolgerung kann man ziehen, dass die Befragten, die Zusammenarbeit mit den Kollegen als positiv und angenehm bewerten, wenn sie durch diese motiviert werden.

6. Zusammenarbeit/Klima und Führung

6.1 Eine Variable berechnen

6.1.1. Theoretischer Hintergrund

Es ist sinnvoll Variablen neu zu berechnen wenn man eine statistische Datenanalyse durchführen möchte. Zum einen werden die Ausprägungen durch eine engere Gruppierung in der Kreuztabelle übersichtlicher und zum anderen werden die Variablen umcodiert um eine klare Antwort auf eine bestimmte Fragestellung geben zu können.

6.1.2. Anwendung auf den Fragebogen

Die Frage „Meine Führungskraft schätzt meine Leistungen angemessen ein" kann im Hinblick auf das Geschlecht durch Umcodierung in einer Kreuztabelle beantwortet werden. Die bisher bekannte Variable wird in drei neue Ausprägungen zusammengefasst um einen besseren Überblick zu erhalten. Wie man der Tabelle entnehmen kann sind insgesamt 57,9% mit der Wertschätzung durch den Vorgesetzten voll und ganz zufrieden, dies entspricht einem absoluten Wert von 195 Personen. Auffällig dabei ist, dass eher das weibliche Geschlecht mit 101 Personen sich gerecht behandelt fühlen und von dem männlichen Geschlecht 93. Festzustellen ist, dass das männliche Geschlecht bei dem Punkt „Stimme nicht zu" (1) deutlich in der Mehrheit mit einem absoluten Wert von 33 sind, hingegen nur 23 Frauen finden, dass ihre Leistungen unzureichend von der Führungskraft anerkannt werden.

			Geschlecht			Gesamt
			weiblich	männlich	keine Angabe	
ORD Meine Führungskraft schätzt meine Leistung angemessen ein	1,00	Anzahl	10	16	0	26
		% innerhalb von Geschlecht	9,9%	17,2%	0,0%	13,3%
		% der Gesamtzahl	5,1%	8,2%	0,0%	13,3%
	2,00	Anzahl	23	33	0	56
		% innerhalb von Geschlecht	22,8%	35,5%	0,0%	28,7%
		% der Gesamtzahl	11,8%	16,9%	0,0%	28,7%
	3,00	Anzahl	68	44	1	113
		% innerhalb von Geschlecht	67,3%	47,3%	100,0%	57,9%
		% der Gesamtzahl	34,9%	22,6%	0,5%	57,9%
Gesamt		Anzahl	101	93	1	195
		% innerhalb von Geschlecht	100,0%	100,0%	100,0%	100,0%
		% der Gesamtzahl	51,8%	47,7%	0,5%	100,0%

Tabelle 10: ORD Meine Führungskraft schätzt meine Leistung angemessen ein * Geschlecht Kreuztabelle

Der Zusammenhang zwischen der empfundenen Wertschätzung durch die Führungskraft und dem Geschlecht ist nicht signifikant und somit zufällig. Mögliche Ursachen dafür können sein, dass Frauen eher mit den erbrachten Leistungen zufrieden sind, weil ihre Ansprüche niedriger sind. Sie sind vermutlich schon zufrieden wenn sie eine adäquate Position erreichen wegen biologisch determinierten Vorurteilen beziehungsweise aus familiären Gründen, da alle Frauen potentielle Mütter sind. Da ihre Erwartungen niedriger sind, sind empfinden sie schon die kleinste Wertschätzung als positiv. Des Weiteren ist vermutlich die Fallzahl zu gering und die Unterschiede innerhalb der einzelnen Gruppierungen nicht groß genug um eine Signifikanz zu erreichen.

	Wert	df	Asymptotische Signifikanz (2-seitig)
Chi-Quadrat nach Pearson	8,738[a]	4	,068
Likelihood-Quotient	9,140	4	,058
Zusammenhang linear-mit-linear	4,951	1	,026
Anzahl der gültigen Fälle	195		

a. 3 Zellen (33,3%) haben eine erwartete Häufigkeit kleiner 5. Die minimale erwartete Häufigkeit ist ,13.

Tabelle 11: Chi-Quadrat-Tests

14

Da bei dieser Auswertung nur zwei Personen mit „keine Angaben" geantwortet haben kann man durchaus Schlussfolgerungen wagen. Die bereits festgestellt Tendenz, dass Frauen eher zufrieden mit der Wertschätzung durch ihre Führungskraft sind, wird im folgenden Balkendiagramm noch einmal verdeutlicht.

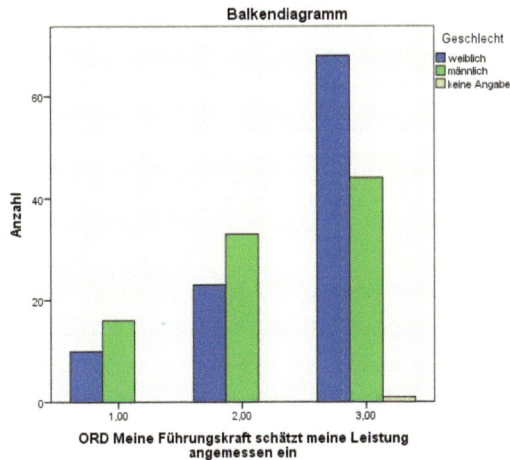

Abbildung 6: Balkendiagramm

6.2. Index

6.2.1. Theoretischer Hintergrund

Der Index spiegelt die durchschnittliche Veränderung eines Merkmals innerhalb mehrerer Gegenständen wieder. Einen Index bildet man somit durch die Addition der einzelnen Variablen. [7]

6.2.2. Anwendung auf den Fragebogen

Der Index Arbeitsklima wurde aus folgenden Fragestellungen zusammengestellt:

- „Wie beurteilen Sie das Betriebsklima in Ihrem Arbeitsbereich?"
- „Wie beurteilen Sie die Zusammenarbeit im Ihrem Arbeitsbereich?"
- „Wie beurteilen Sie die Wertschätzung Ihrer Arbeit durch Ihre direkte Führungskraft?"
- „Wie beurteilen Sie die Art und Weise, in der mit Konflikten umgegangen wird?"

---

7 http://www.thomasgransow.de/Fachmethoden/Statistik2.htm

		Index Arbeitsklima	Ich gehe gerne in die Arbeit.
Index Arbeitsklima	Korrelation nach Pearson	1	,558**
	Signifikanz (2-seitig)		,000
	N	231	229
Ich gehe gerne in die Arbeit.	Korrelation nach Pearson	,558**	1
	Signifikanz (2-seitig)	,000	
	N	229	302

**. Die Korrelation ist auf dem Niveau von 0,01 (2-seitig) signifikant.

Tabelle 12: Korrelationen Pearson

Anhand des Index Arbeitsklima und der Variable „Ich gehe gerne in die Arbeit" soll nun festgestellt werden ob ein Zusammenhang zwischen den beiden Variablen besteht. Die Korrelation nach Pearson ergibt einen Wert von 0.558 welcher eher auf einen moderaten positiven Zusammenhang schließen lässt.

			Index Arbeitsklima	Ich gehe gerne in die Arbeit.
Spearman-Rho	Index Arbeitsklima	Korrelationskoeffizient	1,000	,493**
		Sig. (2-seitig)	.	,000
		N	231	229
	Ich gehe gerne in die Arbeit.	Korrelationskoeffizient	,493**	1,000
		Sig. (2-seitig)	,000	.
		N	229	302

**. Die Korrelation ist auf dem 0,01 Niveau signifikant (zweiseitig).

Tabelle 13Korrelationen Spearman-Rho

Der Korrelationskoeffizient nach Spearman-Rho bestätigt zwar, dass es einen Zusammenhang zwischen den beiden Variablen gibt, jedoch fällt der Wert mit 0,493 geringer aus, als bei der vorangegangen Korrelationsanalyse nach Pearson.

16

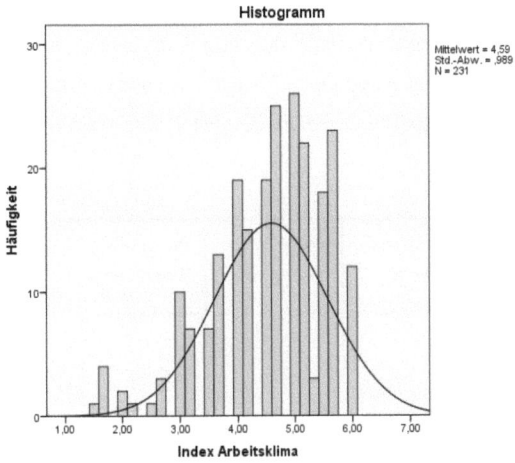

Abbildung 7: Index Arbeitsklima

Über dieses Histogramm können wir beurteilen, dass die Zufriedenheit mit dem im Betrieb herrschenden Arbeitsklima relativ hoch ist.

6.3. Reliabilität

6.3.1. Theoretischer Hintergrund

Anhand der Reliabilität wird die Zuverlässigkeit des Fragebogens und somit des zu analysierenden Datensatzes geprüft. Somit ist dies eines der wichtigsten Kriterien für die Genauigkeit einer wissenschaftlichen Untersuchung. Reliabilität sagt aus, dass man bei einem Versuch unter den gleichen Rahmenbedingungen immer zu dem gleichen Ergebnis kommt ohne Abweichungen. [8]

6.2.2. Anwendung auf den Fragebogen

Die Auswertung hinsichtlich der Reliabilität erfolgt anhand der Fragestellung ob die Befragten mit der Zusammenarbeit mit den Kollegen zufrieden sind.

Cronbachs Alpha	Cronbachs Alpha für standardisierte Items	Anzahl der Items
,940	,941	11

Tabelle 14: Reliabilitätsstatistiken

---

8 http://de.statista.com/statistik/lexikon/definition/115/reliabilitaet/

Wie man in der vorhergehenden Tabelle sehen kann ist Cronbachs Alpha mit 0,940 ein sehr
hoher Wert. Das ist ein erstes Anzeichen dafür, dass man es mit einem sehr zuverlässigen Test
zu tun hat. Gefordert ist ein mindestwert von 0.7 damit man von einem zuverlässigen Modell
sprechen kann. Ein optimaler statistischer Wert läge bei 1. Der erhaltene Wert liegt knapp
darunter.

	Skalenmittelwert, wenn Item weggelassen	Skalenvarianz, wenn Item weggelassen	Korrigierte Item-Skala-Korrelation	Quadrierte multiple Korrelation	Cronbachs Alpha, wenn Item weggelassen
Ich arbeite gerne mit meinen Kollegen zusammen.	47,28	77,198	,735	,700	,935
Wir ziehen alle am gleichen Strang.	47,69	76,225	,778	,664	,934
Meine Kollegen schätzen, was ich leiste.	47,49	77,802	,791	,732	,934
Die Zusammenarbeit mit meinen Kollegen motiviert mich.	47,69	73,851	,824	,773	,931
Ich weiß, was meine Kollegen leisten.	47,36	81,493	,568	,448	,941
In unserem Team herrscht eine konstruktive Feedback-Kultur.	48,03	72,967	,814	,715	,932
Meine Kollegen halten zusammen.	47,79	74,764	,773	,747	,934
Auf meine Kollegen ist Verlass.	47,63	76,898	,712	,692	,936
Ich kann mich im Team gut selbstverwirklichen.	47,90	75,225	,690	,553	,937
Konflikte lösen wir stets konstruktiv.	48,13	72,454	,802	,764	,932
Im Team wird gut mit Fehlern umgegangen.	48,01	74,695	,715	,680	,936

Tabelle 15: Item-Skala-Statistiken

Hinsichtlich der Korrelation kann man sagen, dass insgesamt eine hohe positive Korrelation
vorliegt. Die schwächste Korrelation mit 0,568 ist bei der Fragestellung „Ich weiß, was meine
Kollegen leisten" zu beobachten. Die stärkste positive Korrelation liegt bei dem Punkt der
Motivation „Die Zusammenarbeit mit meinen Kollegen motiviert mich" mit einem Wert von
0,824. Das Weglassen der Variable „Ich weiß was meine Kollegen leisten" würde den
Cronbachs Alpha minimal um 0,001 auf 0,941 erhöhen. Wenn man andere Variablen
weglassen würde, wäre eine Verschlechterung des Cronbachs Alpha Werts die Auswirkung.
Im Hinblick auf die Untersuchung der Zusammenarbeit mit den Kollegen entspricht dieses
Messinstrument einem zuverlässigen Verfahren, da der Cronbachs Alpha Wert mit 0,940
deutlicher über der Mindestanforderung von 0,700 liegt und somit einen fast perfekten Wert
darstellt.

7. Fazit

Anhand der Untersuchungen mit dem Analyseprogramm SPSS wurden in dieser Studienarbeit Zusammenhänge verdeutlicht oder wiederlegt. Heutzutage ist es wichtig mit so einem Programm umgehen zu können und die ausgewerteten Ergebnisse zu verstehen sowie richtige Schlussfolgerungen zu ziehen und im Bedarfsfall diese auch entsprechend umsetzen zu können. Ebenfalls können anhand statistischer Kennzahlen Veränderungen geprüft und evaluiert werden. Durch diese selbst erstellten Tests konnte das theoretische Wissen in einem fiktiven Praxisbeispiel geprüft und umgesetzt werden, was für mich persönliche eine gute Erfahrung war. Zusammenfassend kann man sagen, dass es durchaus Zusammenhänge zwischen den Punkten der Zusammenarbeit sowie Arbeitsklima und Führungsverhalten gibt. Was die einzelnen inhaltlichen Aspekte sind müssen in weiteren Untersuchungen geklärt werden um Verbesserungen anzustreben und zu verwirklichen.

8. Literaturverzeichnis

8.1. Buchquellen

Bühner Markus / Ziegler Matthias (2009). Statistik für Psychologen und Sozialwissenschaftler. 1. Auflage. München: Pearson.

Quatember Andreas (2011). Statistik ohne Angst vor Formeln – Das Studienbuch für Wirtschafts- und Sozialwissenschaftler. 3. Auflage. München: Pearson.

8.2. Internetquellen

http://elearning-ss11.fham.de/moodle/file.php/2782/Statistik_I_Kurseinheit8_Onlineversion.pdf
Abrufdatum: 28.07.2012

http://elearning-ss11.fham.de/moodle/file.php/2782/Statistik_I_Kurseinheit7_Onlineversion.pdf
Abrufdatum: 30.07.2012

http://elearning-ss11.fham.de/moodle/file.php/2837/Muster_und_Anleitungen/Statistik%20II%20-%20Regressionsanalyse.pdf
Abrufdatum: 31.07.2012